NATURE VS SCIENCE

CREATION OF UNDEFEATED BEAST

SUMEET KUMAR

Copyright © Sumeet Kumar
All Rights Reserved.

ISBN 978-1-63974-449-7

This book has been published with all efforts taken to make the material error-free after the consent of the author. However, the author and the publisher do not assume and hereby disclaim any liability to any party for any loss, damage, or disruption caused by errors or omissions, whether such errors or omissions result from negligence, accident, or any other cause.

While every effort has been made to avoid any mistake or omission, this publication is being sold on the condition and understanding that neither the author nor the publishers or printers would be liable in any manner to any person by reason of any mistake or omission in this publication or for any action taken or omitted to be taken or advice rendered or accepted on the basis of this work. For any defect in printing or binding the publishers will be liable only to replace the defective copy by another copy of this work then available.

Sumeet Kumar

Sumeet Kumar, A adult who experiences many phases of love in his life , get broked many times , stands up everytime and keep moving to the next phases of the life. In reality he is a writter as well as singer (as a hobby). Very exciting and interesting fact about him is that he is a author of New era i.e. he starts his journey of writing at the age when he was going to schools to get the study.He had wrote may books based upon fiction , romance , society , etc. like :- _Privacy For Dream , Maturity Of Love, The Secrecy Of Deadly Midnight , Her Existence , The Accursed Kanatpur, The Endearment Of Love._

These Book are available in hindi language on the official platforms of Amazon , Flipkart , NotionPress.

Contents

Preface — *vii*

Acknowledgements — *xi*

1. The Illusion Side Of Science — 1
2. The Dark Side Of Science — 6
3. The Present — 12
4. Time Up Of Happiness — 17
5. The Dark Web Of Life — 23
6. The Ending Of God Father — 28

Preface

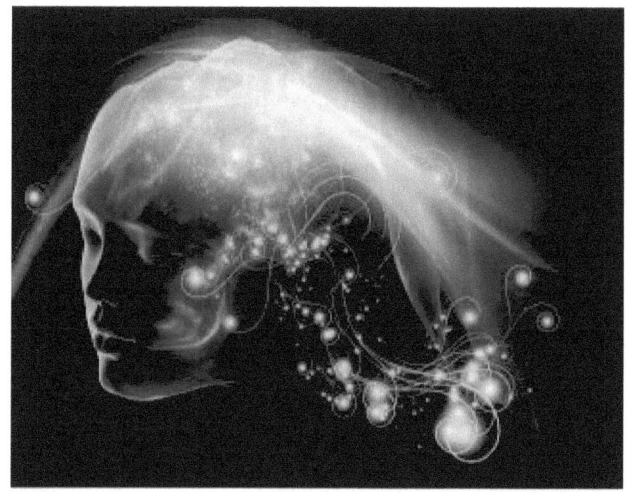

Introduction

Kehte hai science or emotions main kaafi aantar hai kyunki science jaha hame aage badhne ki soch deta vhi emotion hame peeche badhne ke liye force karte hai . Agar jaha galti se bhi en dono ko sath main la de toh pata nhi yeh duniya rahegi bhi yeh nhi . Main na hee science ko mahan manta hun hun na hee kishi ke emotions kyunki agar en main se koi bhi ek aage badh jaye toh vo hanikarak hee hota hai . Jah science ko insaano ne banaya hai vhi per emotions ,love , feelings yeh sab prakrti ke denn hai.aur ish cheez ko na hee ham kabhi badal sakte hai , na badlane ki kosis kar sakte hai .aaj bhale hee science ki madad se jitne bhi bade kam hai jo insaano ke haq main nhi hai ,mera matlab hai ko vo nhi kar sakte ,vhi kaam aaj kal ke

PREFACE

masheen ki madad se bade aaram se ho jata hai.jah iski madad se hamar desh itna aaage badha hai ,vhi iski madad se ham khud se bhi durr ho gaye hai .vo kehte hai na ki ish duniya main hame jish cheez se fyada milta hai vhi cheez hame nuksaan bhi karti hai.agar ham science ki baat samjhe toh hamari mohabatt ko yeh ek aishe moor per khadi kar deti hai jahan haar paaki hai .

> "*SCIENCE DOES NOT*
> *MATTER IN THE*
> *FIELD OF*
> *LOVE*
> *AND LOVE DOES*
> *NOT MATTER IN THE*
> *FIELD OF SCIENCE .*"

mere kehne ka matlab kaafi simple hai ki kabhi bhi hame science aur love ko ek angle se nhi dekhna chaiye,aur na hee kabhi bhi ishe ek mann na chaiye .kyunki yeh do aishi alag alag manzil hai jinki rahe ek ho kar kabhi ek nhi ho sakti ,main yeh kyun keh raha kisliye keh raha hun, aur iska kya matlab hai jald hee pata chalega .mohabatt main bhale hee alfaaz maine rakhti hai ,per science main soch maine rakhti hai.aajkal har ek cheez main science hai ,agar aap kishi se baat karte hai toh usme science hai ,agar aap kishi cheez ki taalash karte ho toh usme bhi ek science hai ,yha tak ki agar maut aur jeevan bhi ishi ki denn hai . aankhon ke aasun se lekar dil ke dard tak har chgeez main science hai .hamari society main do tarah ke logg hote hai ek vo jo yeh sab nhi mante per iski manzil zarror tay karte hai ,aur ek vo logg jo science ko sab kuch mante hai .agar dekha jaye toh ek family ki economic condition bhi aajkal sciene per hee depend karti hai .kyunki agar aap kuch kaam nhi kar rahe yani ki unemployment hai toh uske peeche bhi science hai kyunki bhale hee science ko insaano nee banaya hai per aajkal yeh bilkul nahi lagta ki science ko sach main insaano ne banaya hai,kyunki agar gaur se dekha jaye toh ham science se ghire hue hai ,har jagah ishi ki soc hai maujood hai ,har jagah ishi ka dabdaba hai .(jaishe ki agar apne alfaaz kishi ke pass pauchane ho ,yeh kishi se baat karni ho ,toh hame kahi jaane ki zarrorat nahi hai ham ghar baithe hee cell phone ki madad se aapne alfaaz kishi tak paucha sakte hai .kishi ko dekhna ho toh video calls kar sakte hai ,yeh sab toh sadharan baate hai aajkal main aur kuch nhi ,per isse bhi alag asihi cheeze hai jo na hee ham kabhi dekhte hai ,aur na hee inke baare main kabhi sochte hai . maine pehle bhi kaha tha jish cheez ke fyade hote hai ish duniya main usse zyada uske nuksaan hote hai . mante toh sab hoge ki science ne hame bahut kuch diya aur main jo apne alfaaz aapke samne rakh raha hun vo bhi kahi na kahi ishi ki hee den hai . Ek paudhon ke banabat jaishe uske beej se hoti hai ushi tarah science ki banabat bhi insaane se hui hai ,alfaaz to kayi hai abhi per sabd nhi mil rahe ki kaishe bayan karu .ish duniya main har ek cheez ka dark side hai chhoti se muskaan lekar badi pechaan tak .ham har din ishliye jeete hai ki hamaara aane wala kal aacha ho ,per kabhi bhi koi yeh nhi sochta ki hamara aaj aisha kyun.

"

WE NEVER TRY
TO MADE OUR PRESENT
AS A BETTER DAY
BECAUSE
WE ARE STUCK
IN THE THINKING
OF OUR FUTURE ...."

Acknowledgements

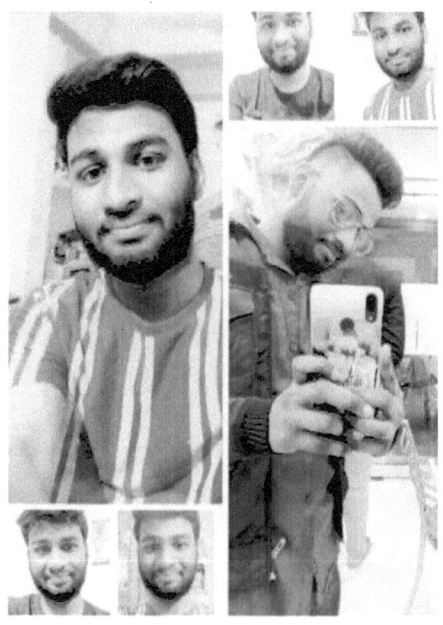

Aman Kumar

Special Thanks to **Aman Kumar**who worked so hard in the preparation of this book. He has continually put with my passive voice, omission of words, and late night calls. You have been wonderful. Thanks to him for his precious time in *reviewing proposals , individual chapters and early drafts, along with his suggestions on the applicability of the material to the world.*

CHAPTER ONE

THE ILLUSION SIDE OF SCIENCE

Science , Future , Present , Past sab same hai , kyunki yeh component hai iske jaishe ki ek gahr main ek parents ke baache hote hai,ushi tarah science is the parent of our future ,our past ,and still same for the present .actually the science is the godfather of human now .aap sab soch rahe hoge na ki kya realtion hai science or love jab ki yeh dono do alag alag sector hai hamari duniya ke .ha bilkul alag aap

sab sahi ho .
(but the science is made up by without love ,and the love is also made up without science).per zindagi main kayi aishe morr bhi aate hai jaha per ham sochne per majboor ho jate hai akhir chunen toh kishe chunen ,kyunki agar mohabatt chaiye toh vigyaan ko maarna parega aur agar vigyaan chaiye toh ush mohabatt ko maarna parega jo ki kaafi mushikil hai kishi ke liye .main kabhi nhi ki manta ki kishi ke mohabaat ke peeche vigyaan ka hath hai ,agar aishi hota toh ek ma aapne baache ko kabhi bhi pyaar nhi karti ,agar aisha hota toh kabhi rishte nhi bante .manta hun ki har ek cheez ki banabat science se hui hai per jo rishte hai hamare society main uski banabat kabhi bhi science ne nahi ki hai ,main yeh nahi bolouga bakiyo ki tarah ki science ke aane se rishte bigar gaye hai yeh ham aapno se durr ho jate hai iski wajah se,kyunki rishte bigarne ki wajah kabhi bhi vigyaan nhi hai ,insaan khud hai .ha per iski jad toh vigyaan hee hai .

> *"OUR ECONOMIC CONDITION*
> *OUR RELATIONSHIP STATUS*
> *OUR UNITY*
> *OUR FREEDOM*
> *OUR LIFE*
> *OUR EMOTIONS*
> *THEY ALL ARE NOW*
> *DEPENDENT ON SCIENCE......."*

There was now division of our world in two sector in which our life is also divided:
1.science world
2.nautre world

"NATURE NEVER EFEECT THE SCIENCE BUT SCIENCE ALWAYS DO............"

actually the love and science in some ways also look like same because every time the illusion is connected with them.and it behave like an human which had feelings of harm someone mentality .mentality of science and mentality of a human is always same because when they think for society it always remain same.but there was a always a differnce is that the science world is made up by human beings and the human beings is made up by the nature. I was not sure about that when the science was origin and where it comes from because it always looks alike as a thinking of human beings .the nature provides us many thing and we quick connect with them and observe as a thinking and the that observation moment is called science .(mere kehna ka yeh matlab hai ki).agar sach main kahu toh vigyaan ka janm hamse kabhi nhi hua kyunki yeh pehle se maujood hai .aur yeh kishi ki soch bhi nahi jaisha ki maine pehle kaha tha ,nature mother ne hame jo diya hamne bash ush cheez ko aage badhaya hai .ish duniya main hamari ruh ke ilawa kuch bhi nahi hai ,hamari soch bhi kahi na kahi nature mother ki hee den hai.ham pehle se hee aapas main jure hue hai .yeh ek aisha rishta hai jiski banabat yeh ke har ek cheez se hui hai jo maujood hai .so just take a view on the timeline of scientific instruments :

"1.5^{th} century : 430BC- Empedocles proves that air is a material substance by sub merging a clepsydra into the ocean.
2.2^{nd} century: 240BC- Archimedes devised a

principle which he later used to solve the ridddle of the suspect crown.
3.230BC- Erantosthenes measure the earths circumference and diameter.
4.8th century AD- jabir ibn hayyan (geber)introduces the experimental method and controlled experimental in chemistry .
5.10th century-muhammad ibn zakariya razi (rhazes) introduces controlled experiment into the field of medicine and carried out the first medical experiment in order to find the most hygenic place to build a hospital."

sach main bolu toh yeh kuch bhi naho hai ,ham insaano ki sabse alag soch yeh hai ki ham kabhi kishi bhi cheez ko ek tarfa hee pehle dekhte hai ,mera matlab yeh ki ham hamesha aapne fayde ke baare main sochte hai,hamesha kishi na kishi cheez seaage badhne ki kashish rakhte hai per yeh kabhi nahi sochte ki uske wajah se taqleef milti hai uske baare mien kabhi nahi sochte hai .aajkal vigyaan ek aisha zariya hai jishe aage badhne ki soch ke ilawa kuch bhi nahi mante ham ,ek aur baat yeh hai ki jitne ham vigyaan ko lekar aage badh rahe hai ham utna hee prakirtik ko nuksaan paucha rahe hai ,jisne hame soch dii ham ushe hee maar rahe hai .

"FAROGH KI TISHNAGI
RAKHNE WALE
PEHLE AAPNI TALAB
TOH DURR KARO
AGAR KHAR MILL GYI
RAHO MAIN TOH SHAHRYAAR BANN
JANA

AUR AGAR NA MILE TOH
EK GUZARISH HAI TUMSE
KI AAGE JAKAR USKI
TISHNAGI BHI MATT RAKHNA ...."

rahe jab badhne lage kishi manzil ki toh ushe vahi chhod dena chaiye kyunki vo ek zariya nahi hota aage badhne ka , sahi maine main vo ek aishi moh maya hoti hai jiske qahr se koi nahi bach sakta ...waishe yeh toh sirf ek takhayyul hai meri kahani toh abhi baaki hai ....

CHAPTER TWO

THE DARK SIDE OF SCIENCE

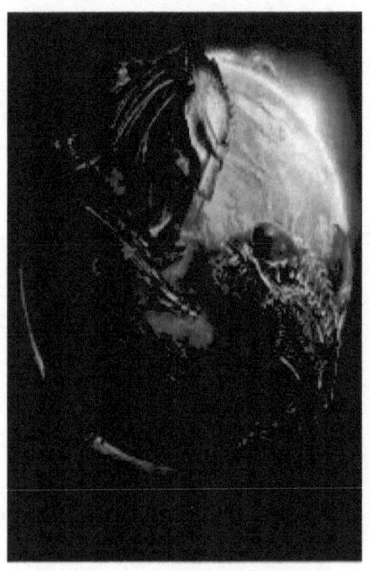

science is made by us, we know that but there rights are not made by us because there substances is always connected with the nature world . main sirf yeh kehna cahta hun ki bhale hee vigyaan ki har ek jad ki banabat hamne ki hai per iski jo sarri chhezo jinhone hamari madad ki vo prakrti ki hee deen hai ,ham aapna bhavishya banane ki firak main apne ateet aur vartamaan dono ko nuksaan pauchate hai .har ek kaam ki koi seema hoti hai per soch ki koi seema nahi ,aur ishi soch se vigyaan ki banabat hui .yeh ek zariya ek aishi duniya jaha ki har ek cheez banabat ki .hum prakrti se hee padaarth lekar baad main ushe hee nuksaan pauchate hai .aajkal bade bade dams bann gaye jo ki nadiyo ki simao ko raukte hai jiske wajah kayi baar hame baadh jaishe prachand mushibaton ka bhi samna karna parta .ham pedo ko katt thhe hai jiski wajah hame okseejan ki kamiyo ka samna karna parta hai aur jo ped un nadiyo ko nazdeek aane se raukte hai baad main unke kaatne ki wajah se vo nadiyo prachand swaroop le leti jiske wajah se kayi ghar ,kayi mohalle ,unki yaadeion jo ush ghar main unhone bitaye ,unhe vo chhod kar jana parta hai.yeh kaafi chhoti wajah hai sabke liye kyunki ghar hee toh gaya hai jaan toh nahi gayi ,per jab jann chali jayegi jo ki gayi bhi hai toh uske baad kya karege ,main yeh nahi keh raha ki vigyaan galat hai per uksi bhi ek seema hai ,jaishe ki har cheez ki ish duniya main ushi tarah vigyaan ki bhi ek seema hai ,corona virus jo ki aajkal ek mahamari sabbit ho raha hai uski wajah bhi kahi na kahi ek insaan ki soch hee hai ,ham hamesha uparwale ko koste rehte hai ki vo hamari baateion kyun nahi sunta ,itni jaaane usne kyun li.kyun itne logg marte hai ,bagbhwaan kuch karte kyun nahi ,hamare ishwaar kab aayege hame bachane ,kyun nahi yeh mahamari rukti .main puchta hun bhale hee aapko yeh sawal galat kyun na lage akhir kyun aayege hame bachane vo jab unki koi galti heee nahi ,kyunki unhone insaan banaya uski soch ko nahi ,kab ham khule aam garbages phekte hai tab baghbaan ko kyun nahi yaad karte , aajkal

NATURE VS SCIENCE

kahi na kahi vigyaan galat hai toh har ek insaan bhi galat kyun ham bhi isse jure ishe aage badhane ki firaak main hamne bhi aapne vartmann aur ateet ko nuksaan pauchaya hai .main yeh nahi keh raha ki aajkal ke samaj main soch ko aage nahi badhana chaiye ,badhao aap per utni hee hadd tak jitna sambhab hai ,jitni uski seema hai ,aadi nahi toh jo hisse main aayega ushe toh bhogna hee parega ,per ush waqt yeh talafuzz nahi rehni chaiye ki ush khuda ne hamare sath aish kiya hai .(economic of every countary is weak due to our experimen.but how??? yehi sawal hai na ,jitne paishe ham aapni soch ko aage badhane main lagate hai , agar ushi soch main prayog kiye jaane wale paisho ko kishi zaarorat mand ko de toh uski economic ki jo train hai vo zero se number one per toh aayegi per nahi .vo kehte agar ham koi nayi banabat dekh le toh uski tishnagi hame itni ho jatti hai ki bina kuch aage peeche dekhe ham uski mooh maya main fashte chale jate hai .cahe uski tarz hame kishi cheez ko balidaan hee kyun na karna pare ham vo kar dete hai .ham bhale hee ush uparwale ki banabat hai ,yeh pata nahi kisne hame banaya hai ,kyunki aajtak maine kabhi unhe dekha nahi ,per jisne bhi banaya usne ek insaan banaya tha ek soch ko nahi .main yeh bhi nahi keh raha ki soch galat per uske tarz ka zariya jo hai vo galata hai ,aur kuch nahi ,main ateet ko nahi zahir karna cahta kyun vartmaan bhi hamara theek nahi ,agar ushe zahir kar diya toh kuch logg hai jo ishe theek karna chahte vo bhi aapne rahh se bhatak sakte hai .

khair mujhe vigyaan se koi dikaat nahi ,sirf hamari soch jo hai vo kahi na kahi galat ja rahi hai,aajkal jitne ki aabaadee nahi utne ke vigyaan ne prayog karliye hai .prayog karna hee hai toh arth vaibastha pe karo jiski banabat aajkal kuch theek nahi , main yeh kyun keh ,mujhe kya zarrorat hai inki yeh ,jald hee pata chalega .per ek baat bolna cahta hun ki insaan se bada koi vigyaan nahi aur iski soch se bada koi nuksaan nahi hai.main aaj bhi keh raha aur 20saal baad bhi yehi kahunga ki aapni soch ko hame ek seema deni hee paregi ,kyun har baar yeh saach toh nahi ki hamari soch sahi rahh per hee chale ,kyunki jab yeh soch aage badhti kishi galat kaam toh phir ish soch ki hame talab ho jati hai jo ki aajkal ke sadde ke liye theek nahi hai .agar main vigaaan ke ek galat kaam ko aapke saamne layunga toh hazzaro sawal aur bhi peeche se uthege ki vigyaan galat nahi ,tumhari soch galat ,aur bahut kuch ,per main bhi yahi bol raha ki

vigyaan toh kabhi galat tha hee nahi ,galat toh ham hai ,hamari soch hai ,aur ishe aage badhane ka zariya hai vo galat hai ,iske tarz galat hai.aur aishi kahi prayog hai jo galat hai ,jaishe ki ek insaan ko aage badhane ki cahh main ham jaanwaro pe alag alag prayog karte ,.main puchta hun kya vo hissa nahi ishi prakirtik ka ,kya unka jeevan jeevan nahi hai ,kya unke parivaar nahi hote hai ,kya unki cahh nahi hoti jeene ki ,aur ham toh apni aawaz utha bhi sakte per vo nahi ,main koi gyan nahi de raha nahi de raha na hee main sant hun .bash yeh kehna cahta hun ki jish tarah hamari banabat uparwale ne ki ushi tarah jaanwaro ki banabat bhi uparwale ne hee kiya hai .aisha bhi kaun vigyaan hai jo ek jeeven ko nuksaan paucha kar dusre jeevan ki banabat karta hai.agar aajkal kahi na kahi mahamari hai toh uski wajah bhi ham hee hai ,kyun ki ush jad ki banabat hamne hee ki hai .ush duniya ki banabat ham hee se hui ,insaan har waqt galat karya kar ke yeh sochta hai ,iske liye ushe daand nahi milega ,per sab yeh bhul gaye hee karma naam ka bhi sabd ish duniya main maujood hai .logg yeh jante hai ki hum prakrti ki banabat ko badal nahi sakte per phir bhi iski banabat ko badlane ki kosis karte hai jiski wajah se hamare manavjatti ne anke sankato ,aur mahamario ka samna bhi kiya hai .per aaj bhi ush badlab ki cahh maujood hai ,aajkal logg socialmedia ki wajah se kitne logg suicide kar rahe kyunki unhe har waqt ek darr laga rehta hai ki ,aakhir na kahi iske wajah se kuch aisha na ho jaye jo ki hamare maut ka karan bann jaye ,agar zindagi bhar ham aapni soch ko vigyaan ke raste main sahi manege toh vo din durr nahi jab ish duniya pe sarrer ka nahi balki nafs ki banabat hogi.khair en sab baateion ko kishi ko bhi fark nahi parega kyunki ,ish duniya main har ek insaan ki chah aage badhne ki hai ,apni soch ko badlane ki nahi toh yeh tarz bhi meri kishi ke koi kaam nahi aane wali ,kyun kahi na kahi main bhi galat hun ,per main aapni soch ko zaroor badlunga ,kyunki main kishi aur ki zinadagi ke sauda kar kaishe khush reh sakta hai ,mujhe nahi pata ,aur na hee main yeh kabhi karne wala hun .....khair jish manzil ki guzarish hai ush pe hee chalte ,ushi ki kahi ko aapne lafzo main zahir karta hun ...

"

KI
TARZ KI TISHNAGI
MEIN AAJ FAROGH
KI
TALAB HAI HAR
KISHI KO
AUR JISH
BE- SHUMAAR SOCH KI
KASHISH MEIN HAM
AAGE BADH RAHE

USKI MANZIL BHI
VEERAN YEH
PATA NAHI

SUMEET KUMAR

HAR KISHI KO................

ARSH AUR KHULD
KI BANABAT MEIN
ITTIFAAQ SE
HAMNE
TAKABBUR MEIN
KHUDA
BANN NE KI TISHNAGI
KO
HAMNE AAPNI MURAAD KI
BANABAT BANA LI.........

EK SIYAASAT
KI FATEH
MEIN HAMNE
TIFL KI
TALAB KO HEE
SIFAR TAK
PAUCHA DIYA ...."

CHAPTER THREE

THE PRESENT

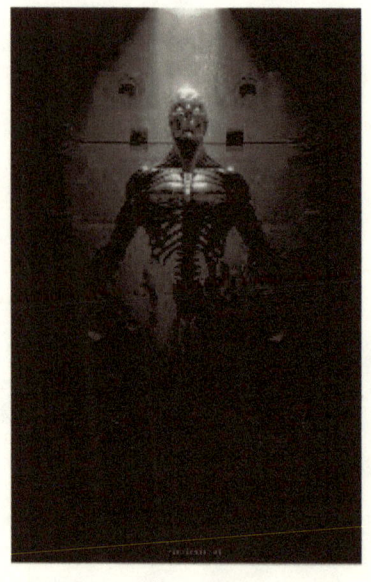

1998 VIZAG 24 dec ,yeh ek aishi kahani jisne vigyaan ki parchai ko hee badal kar rakh diya ,ham kabhi aapni kismat ki banabat na hee bana sakte hai aur na hee badal sakte kyunki yeh toh ush uparwale ki denn hai jiski mahima mein aajkal har koi hai ,per aajkal bhi kayi aishi logg hai jo kudrat ki banabat aur uski likhawatt ko badalane ki kosis karte hai .aaj jo bhi kehne wala hun yeh aapne alfaazo mein bayan karne wala uski takhayyul bhi nadaamat aur ek hadse ki tarah hui hai .yeh kahani 1998 vizag se suri hui hai ,ek aishe parivaar se jisne har waqt kishi ne kishi ki madad hee ,har ek dard mein dusre ko sambhala hai ,har kishi ke gum mein unhone sabka sath diya ,parivaar na hote hue bhi parivaar ki mamata dikhayi hai .toh yeh baat 1998 se vizag city ki hai jo ki ek port city aur industrial center bhi hamare india ke andhra pradesh ka ,toh vhi ke rehne wale DR.RAMANUJAN aur unki patni DR.NAIRA ki hai ,waishe ramanujan profession se ek scientist thhe mere matlab hai ek biotech scientist thhe aur unki patni ek MBBS qualified doctor thi. unki life men sab kuch theek kyunki ek parivaar ki khusiyan unke baacho se hee hoti hai . aure ramanujan aur naira ki khusi ki wajah unki beti thi jiska naam AKANTRA tha ,kaafi khusi aur kaafi aache se vo ek sath rehte thhe ,dusre ki madad karte ,jaha betiyon ko pehle bhoj mana jata tha vhi ramanujan ke liye unki beti akantra hee sab kuch hee thi ,waishe vo ek typical middle class se pehle belong karte thhe per akantra ke aane ke baad unki kismat hee nahi badli balki unka status bhi badal gaya,jo pehle typlical middle class tamil family se belong karte thhe ab vhi rich family ke naam se jaane jate thhe . unki beti itni pyari thi ki vo jish socirty mein rehte thhe vha uske ilawa aur kishi bacche ki baat hoti hee nahi thi ,kyunki ush society logg ushe khud ke baacho se bhi zyada pasand karte thhe ,kyunki iske peeche bhi ek wajah thi kyunki baaki baacho ki tarah normal nahi ,kaafi extraordinary thi ,jish umar mein bacche khelne pe dhyan dete aur ush umar mein utni samaj bhi nahi hoti ,vhi ush umar mein akantra ne itna kuch observed kar rakha tha jo

NATURE VS SCIENCE

ki kishi bhi bacche ke liye imposible sa tha .vo bilku aapne ma baap ki tarah thi ,sharp mind,kind ,helping nature ,love everybody ,aur bhi bahut kuch ,jo teachers ushe padhane aate thhe unko pass utne sawal nahi hote thhe jitne akantra ke har ek sawal ke 36 jawab hote thhe .waishe akantra ka janm 1990 mein hua tha jab uske maa baap ke shaddi ke 8 saal purre ho gaye thhe .ramanujan ek mahaan scientist unhone aishi kayi sarre prayog kiye thhe vizag ke liye vha ke sarkaar ne unhe iske liya kayi baar alag alag puraskaaro se samaan kiya tha .unki soch bilkul hawa ki tarah ki tej vo bhi bakiyo se aapne bachpan mein bilkul alag thhe .vo har ek cheez ka nireekshan aishe karte jaishe unhone vigyaan ko ek naya jeevan diya ho.sahi sahi kahu toh unki soch ka muqabala ush sehar mein koi nahi kar sakta tha .aur unki patni bhale hee ek MBBS qualified thi per unki soch aapne pati ki taha hee yeh kabhi kabhi toh unse bhi tej thi .waishe yeh bhi baat sach thi unhe unki soch mein ,mera matlab unke vigyaan ki duniya mein haarana bilkul namumkin tha ,vo dono har cheez mein aawal thhe aur unki beti ke aane ke baad mano kuch aisha tha ki unke parivaar ki barabari soch mein koi nahi kar sakta tha .vha unki family ko tamil family kaam aur ek SUPER GENETIC family ke naam se zyada jana jata tha kyunki iske pehle unke kishi aishe gene mein aishi soch kabhi nahi dekhi gayi thi cahe vo ramanujan ka parivaar ho yeh naira ke parivar se.unhe kishi bhi cheez kami nayi be -shumaar daulat ,izzar ,kamayabi ,rutwa ,khusiyan yeh sab tha unke pass .koi aishi wajah thi hee nahi unke khamosh hone ki yeh kishi pal udaash hone ki .vo teeno aapas mein kaafi khush thhe .unke parivaar ek aishi baat thi jo ki vo hamesha bolte thhe ,ki jaishe hame daulat aur izzat kamani parti hai ushi tarah ek aachi soch aur uski tishnagi bhi hame kamani parti hai ,kyunki aap daulat ke baigar toh teh sakte ho per soch aur izzat ke bina kabhi nahi .hame hamesha ek aishi soch rakhni chaiye jiski banabat se har kishi ko khusi mile ,har kishi ka fyada ho ,aur vo har kishi ke liye ek nayejeevan ka subharmav ho .

THE THESIS OF
EVERYTHING DIE
TIME TO TIME
BUT WHEN IT
COMES TO SOMEONE
GREAT THINKING
ITS NEVER DIE...........

ishi duniya ki har ek cheez ki banabat vigyan se hui hai ,aur vigyan ki banabat hamse aur hamari banabat prakrti se ,per en sab ko ek cheez ne jodd kar rakha hai jishe sahi maine mein ham santulan kehte hai (balance)agar zindagi mein yeh sahi ho toh sab kuch sahi hai , per agar galti se sahi na ho toh aane wali aachi kismat bhi iske na hone se aapna rasta badal deti hai .santulan ki banabat bhi ek aishe moh maaya se hui jiski soch ki tulna vigyaan se bhi alag hai .kyunki ishe ham chahte hue bhi niyantran nahi kar sakte ,hame kayi baar aisha lagta hai ki ham apni zindagi ko santulan kar sakte hai ,per aisha kuch nahi ,hamare zindagi ki santulan bhi kahi na kahi hamare prakrti se hee jodi hai ,kyunki agar uski banabat badli toh hamare har ek hisse ki banabat ,cahe vo khushi ho ,gum ho, yeh kuch bhi kyun na ho ushe koi badal nahi sakta .hamari soch ki doori bhale hee hamare hathon mein hoti hai per uske aage badhne ki kismat hamare hathon mein bilkul nahi hoti .hamari soch aur kismat ka bhi ek alag hee rista kyunki yeh don ek dusre ke baigar nahi reh sakte .kyunki jaha soch ne janam liya vha kismat ki likhawat hamesha hoti hai .yeh baateion isliye aap sab ko anjaan lagg rahi hai kyunki abhi iski sachai adhuri hai yeha tak ki abhi sururaat bh nahi hui ,toh chaliye aage dekhte ki en sab baateion ka ramanujan ke parivaar se kya lena .

"

*AJEEB IZTIRAAB
MANOOS HAI
MUJHSEH
JISKI KAHISH
BHI MERE MARG
SE HOKAR
GUZARTI HAI ....*

*FATEH KI
TISHNAGI MEIN
BE-SHUMAAR
KHUD KE MANOOS
KO MITA CHUKAN HUN
MEIN
AUR JISH WAJOOD KI
TALAB THI MUJHE
USKI KAHISH KO
BHI MARR CHUKA
HUN MEIN.......
AUR KITNI BEBASI
KO KHUD KE ANDAR
PINHAAN KARU MEIN
KYUNKI AAB TOH USKI
TAKHAYYUL BHI
MERE NAFS KI QAFAS
KA
INTEZAAR KAR RAHI HAI ...."*

CHAPTER FOUR

TIME UP OF HAPPINESS

ek aisha waqt bhi aata hai jisme ham aapna sab kuch kho dete ,aapni khushi ,apna wajood ,apni talab apni tammana,aur bhi bahut kuch jiske jahir karne se bhi kishi ke halat nahi badalte ,super genetic family main bhi sab sahi chal raha .har jagah khusiyan thi har jagah ek alag hee parchai thi iski ,vo teeno aapas main kaafi khush thhe ,per kehte hai na, ish duniya main jitni jaldi kamayabi nahi milti utni jaldi nakamayabi milti hai ,mera matlab hai ki jaha khusi ke pal ho na vha hamesha ek parchai hoti hai gum ki ,kishi ki qafas ki ,ish duniya main jitne negativity hai utni hee positivity bhi hai kyunki en don ka santulan ish duniya main barabar ka hai ,per agar galti koi ek badh jaye toh jo santulan hai vo kaafi kharab ho jata hai ,uski jo talab hoti hai vo bhi kahi na kahi mitt jati hai ,aur jo ishe paane ki kashish rakhte hai ,vo sifr ek tishna bann kar hee inke wajood ka hissa bann jati hai .main yeh baateion ishliye keh raha hun ki jaha har waqt khusiyon ki parchai ne aagan saja rakha tha ,aab vha mushibaton ke pahar tutne wale thhe ,aur jish insaan ne abhi aapni zindagi main harr nahi mana tha yeh cahe uske parivaar ne ,vo kishi ke samne pehli baar harne wala tah ,vo kehte hai na agar pyar main rishte paraye ho aur vo hamse durr chale jaye toh kuch waqt lagta hai uske dard ko mitane main ,per durr ho jata per jab vhi dard kishi aapne ke hisse main ho toh vo dard zindagi bhar hamare sath hee rehta hai ,ek ajeeb itefaaq hai ki ish waqt ke aap kishi cheez agar layak bhi phir bhi hukumat ki jo door hai vo sifr aur sirf waqt ke hee hathon main hoti hai .jaha per super genetic family har jagah khusiyan bana rahe thhe ,aur sabke liye ek zariya bann rahe thhe unki tanhayie ko mitane ka vhi unhe yeh nahi pata tha ki aage kya hone wala hai.DR.NAIRA jo ki ek doctor hee nahi thi ek ma bhi thi ,vo chahti thi ki unka ek beta bhi jiske karan unka jo parivaar ho vo purra ho jaye ,aur akantra bhi yehi chahti ki uska ek bhai bhi ho ,vo kehte hai na agar aap ko kishi cheez se kashish ho ,aur aap uski muraad sacche mann se karo toph ush kashi ko uparwala aapki talab bana deta hai .jaha sarri khusiyan unke pass pehle se hee thi vhi ek aur aishi khusi aane wali thi jiski iztiraab unhe sone tak nahi de rahi thi ,mera matlab akhir kar unki khawish puri ho hee gayi , naira pregnant thi ,kyunki vo ek doctor thi toh usse behtar aur koi nahi jaan sakta iske symptoms ko ,vo kehte hai na agar kishi cheez ki tishnagi manoos ke sath ki jaye toh vo akhir kar purri ho hee jati ,aur jish tammana ki aash super genetic family main har koi kar raha tha ,yani ki ek bete ki vo jald hee purra hone wala tha ,agar zindagi sab kuch aashani se mill jaye toh ham vhi per aapni manzil ko bhul jatte hai ,super genetic family kaafi khush thi unke ghar ek naya mehmaan aane wala hai ,jo khusi unhe ush waqt mill rahi thi ushe vhi mehsoosh kar sakte jo ish waqt se guzar chuke hai,naira purre chhah mahine ki ek pregnant lady thi ush waqt phir bhi usne aapne kaam ki talab ko ush waqqt bhi nahi chhoda ,vo aapne baache se zyada aapne kaam per dhyan deti thi ,per yeh wajah nahi hai ki vo aapne aane wale baache se pyaar nahi karti thi ,vo kabhi aisha nahi chahti thi jo unka aane wala baacha hai ,unke wajood se alag rahe ,kehte hai na ki jab pregancy ka samay ho toh aap bacche ko jo bhi aapni aankhoein se dikhyo ge vo ush waqt har ek cheez ko ush waqt observe karega,yeh mera nahi balki unke parivaar ka yeh maan na tha ,aur aajkal toh duniya ka bhi yehi maan na hai .per raste hamehsa sahi yeh to zarrori nahi ,yeh ham jo sochte hai agar vo sach main ho jaye toh jaye toh uparwale ki zarrorat hee kya ,aur jish santulan ki ham baat kar rahe yani ki main kar raha hun uska kya ?jaha per pehle khusi ke badal thhe ab vha per khusiyon ki barrish hone wali thi ,yani ki mera matlab hai unke parivaar main ek aur chhot sa nanha baccha aane wale tha ,toh uthsahh toh hogi hee na.aur sirf unke liye hee nahi balki unse jo bhi jude hue hai ,jo bhi rishte hai yeh rishtedaar ho vo bhi kaafi khush thhe ,ek aur baat yeh kehni hai ki agar ish duniya aapka koi dushmaan na ho toh aapki kismat hee ush waqt aapki sabse badi dushman hoti hai,per ush waqt ham dekh nahi paate kyunki aajkal toh aapni nafs ki aawaz toh sunai hee nahi deti toh yeh toh ek aisha dusman tha jo ki khud ke aandar hee kundli maar kar baitha hua tha. kehte hai waqt guzarne ke baad talab aur bhi badh jaati hai kishi cheez ki ,toh jahir shi baat hai ki super genetic famnily ki bhi talab aab kaafi haad tak badh gayi thi ,aur itni hadd tak badh gayi thi ki naira ka ghar se nikalana bhi muskil ho gaya tha ,uski wajah se nahi balki ramanujan aur akantra ke wajah se,kyunki ramanujan kabhi yeh nahi cahta tha ki uske nanhe bete ko koi taqlif ho kishi bhi karan se ,aur akantra bhi aisha kabhi nahi chahti thi ki uske pyaare bhai ko aane main koi bhi complication ho ,actually ramanujan se zyad akanatra hee naira ka khyaal rakhti thi ,kyunki ramanujan ko kaam ki wajah se kahi na kahi jaane hee parta tha toh ush waqt akantra hee uske sath rehti thi ,jish insaan ne apni purri life main kabhi aapne kaam se break nahi liya ,usen akhir kar break liya jab naira ke pregancy ke aathbe mahinhe chal rahe thhe ,ush waqt ramanujan ne har ek kaam ko aapne se durr kar diya jo uske bete ke sath aur uske parivaar ke sath waqt guzarne main archan dalne ki kosis kar raha tha mera matlab hai ,unki khusiyano pe stopage dalne ki kosis kar raha tha .aur jab ek mahine bhi beet gaye aur aab samay ho gaya tha ki unki jo nanhi jaan hai aab ish duniya main aaye tabhi unki zindagi ne bright side ko chhod kar dark side ka hath tha liya tha ,maine pehle hee kaha tha kis ish zindagi ke kayi character hai aur kayi sides hai.per aisha bhi kaun sa dark side super genetic family ke saamne aane wali thi jiski wajah se unki zindagi khusiyan khud ke liye hee ek qafas bann jayegi ,unka jo wajood unke bete ke sahare aane wala tha vo unke hayat ki wjah baan jayega . toh raho ka intezaar kyun kare jab mushafir ham khud hai ,kyunki manzil bhale hee veeran per uski raaho ko jaante ham khub hai ....

> *"I AM NOT DEAD ON THAT TIME*
> *WHEN MY SOUL IS FAR FROM ME*
> *..........*
> *I AM DEAD ON THAT TIME*
> *WHEN THE HUMANITY*
> *OF GOD IS LOST*
> *IN THE WAY OF MY*
> *FAMILY HAPPINESS......."*

asliyat main ek insaan tab nahi marta jab usse uski har ek talab ko ,har ek tammana usse cheen jaye ,balki ek insaan ush waqt marta jab uska wajood he usse koi cheen le .aur aapni kismat hhe aapne qafas ki wajah bann jaye toh ushe jahir karne se bhi koi inayyat ki tarz nahi milti,aur sahi maine main super genetic family ke liye unka nanha sa jaan hee unke liye sab kuch tha.........

> *"MAIN PURRI ZINDAGI*
> *BHAR JISH*
> *RAQEEB KI MURAAD KARTA*
> *RAHA*
> *ITTIFAAQ SE*
> *VO TOH MERI*
> *KISMAT HEE NIKLI......*
> *KI JISH SHIDDAT SE*
> *TUNE AAPNI INAAYAT*
> *MITAYI HAI*
> *AEE KHUDA*
> *ZARA USSE WAQIF*

NATURE VS SCIENCE

TOH KARWA
AGAR RIWAYAT
MARG KI BHI CHAL
RAHI HOGI
USH WAQT
TOH USHE THAAM
LUNGA
PER USSE PEHLE
USKI
JHALAK TOH
DIKHA ...."

CHAPTER FIVE

THE DARK WEB OF LIFE

2000 ,24, DEC
super genetic family ish din ko aapne samne kabhi nahi dekhna chahti thai ,bhale hee unhe ish din ka intezzar ,per jo lamhe isse jurr thhe aur jo yaadeion ush din bani thi, ushe vo aapni zindagi mein kabhi nahi chahte thhe,jo khusi unke khusi ki faroozan ki wajah thi aab vhi unke ke liye aandhere ki wajah bann ne wali thi ,jish cheez ko har kishi ka inteezar tha vo lamha aaya toh per ek naye mukhaute ke sath jiski soch bhi har kishi ko ush waqt nuksaan paucha

rahi thi,ush din naira ko jab labour pain hua tab sab ushe ush waqt hospita se le gaye kynki ush waq thodi compilcation ho gayi thi pregancy mein jiske wajas se ushe ICU board mein pravesh karwaya gaya ,voh kamse kam ek gante se bhi zyada der tak operation chala hoga ,aur ush waqt jo ramanujan ki halat thi uska aandaza koi nahi laga sakta ,cehre pe alag hee china thi ,kishi cheez ke khone ki ,ush waqt vo itna dara hua tha ki ,uski aanhkoein se yeh saaf pata chala raha tha ki vo kitne dard mein hai ,per vo zahir nahi karna cahta tha kyunki akantra vahi per thi ,(yeh emotions bhi gajab ke hai inpe bhi kabhi kabhi mujhe. yeh toh lagta ki control nahi rehta ,aishe toh reality mein kahu yeh toh naturally infected hai hamare agal bagalo jo bhi cheeze hoti hai usse ,per kabhi kabhi aisha nhai lagta ,yeh aishe guest hai jinke aane pe hame khusi bhi milti aur gum bhi ,kyuni kabhi yeh kishi ke khamoshi ko zahir karte hai toh kabhi kabhi kishi ke khusi ke)khair yeh toh zindagi ki baateion vo hee jaane per ,aab naira ke sath kya ho raha yeh super genetic family abhi kish halat hai mein chaliye dekhte.waqt ko zahir na karte hue ish kahani ko ek ghante se zyada aage badha raha hun ,toh dhyan se suniye,ek ghante purre beet chuke aur ICU ke bulbs bhi ,aur jeetne bhi doctors thhe vo bhi ek ek kar ke nikalna aarambhav kar chuke thhe .per ek aishe khabar ke sath jishe vha maujood koi nahi sunn na cahta tha ,jiski talab kishi ko nahi thi ,jiski tammana bhi vo kabhi nahi kar sakte ush din vhi hua ,ush din unki aishi manjil thi jinki raaaho pe chalna kaafi mushkil tha ,vo agar chahte bhi toh nahi kar paate ,actuaiil koi nahi kar pata ,ush din vigyaan ne aishi banabat ki thi jiski aash kishi ko nahi thai ,ush din khuda ki aisha banabat thi jisse kishi ko kashish nahi thi ,kyun lafzon ko aapne aage badhao jo tarz hai ushe baayan hee kar deta hai ,jish naam se unhe purre sehar mein pechanna jana jata ,vo pechaan aab khone wali thi ,kyunki jo unki khawish thi vo toh purri ho gayi per ek alag hee qafas ke ,ek alag hee nadaamat ke sath ,ush din unke ghar ek ladke ne hee paida liye per vo ek aishi banabat thi khuda thi jisme uske sath uske chashm nahi thhe ,aur vo lakir jiski likhawat har ek pass hai ish duniya ,jo ki ek wajood hai hai hayat ki nazar ka vhi cheez ukse pass nahi thi ,mera matlab hai vo janm se hee blind tha ,aankheoin toh thi per vo kashish nahi thi ,vo tishnagi nahi ,vo talab nahi jisse vo aapne wajood ,ko duniya ke wajood ko dekh pata ,aur jish lakir ko harr kishi ko zarrorat hai vhi uske hisse mein khali thi ,jab sabne yeh dekha toh sab ush waqt itne taqleef mein thhe jishe mein aapno alfazo mein zahir nahi kar sakta hai ,na hee unke dard ka hissa bann sakta hun ,kyunki na hee mein vo dard mahasoosh kar sakta hun ,na hee uske hisse mein aa sakta hun ,agar thodi bhi inaayat agar ush khuda ne ush waqt dikhayi hoti na toh ush dard ki tisshnagi ush waqt koi nahi karta ,mein jab aapne alfaazo mein itna dard mahasoosh kar raha hun toh unke sath ish waqt kya ho raha hoga ,ushe chaliye pehle jaan lete .jab doctors ICU se ush waqt aaye thhe unhe ne sabse pehle ramanujan ko aapne paas bulaya aur sab kuch bataya aur yeh bhi kaha ki vo naira ko iske baare mein zahir bhi na kare ,kyun agar ushe yeh baat pata chali toh vo ish dard ko seh nahi payegi,ush waqt akantra bhi itni badi nahi thi phir bhi vo samaj chuki ,ek alag hee stage ke maturity ne ush waqt usse manoos ho gayi thi ,ush waqt sab ek dusre ke dard ko chupane mein laga thhe ,(mein sach kahu toh kya hee parivaar tha ,ek sath hona hee sab khuch nah hoti kyunki kishi ka sath bhi ush dard ke lamhe mein ek gauhar banke samne aata hai) aur jish family ki ham baat kar rahe hai vo toh pehle se hee gauhar thi ,ush waqt toh naira ko kuch nahi pata kyunki ush waqt vo hosh mein nahi thi aur na hee ramanujan ne ushe aapne cehre se zahir hone diya ki unke bete ke sath kya hua .vo khush thhe ush waqt bhi ,vo sath thhe ush waqt bhi ,ha tutte zaroor thhe per aur kishi ko tuttne nahi diya yeh tak ki ush chhoti shi bacchi ne bhiyeh zahir nahi kiya ki uski family ush waqt kish situation mein hai ,per sach ki bewafai hamesha taqleef hee deti hai ,naira ko ush din toh kuch nahi patqa chala per uske kuch din ushe pata chal hee gaya ki jish nanhe bete ki tishnagi mein usne aapni aankhoein ko kabhi uski cahat nahi batayi khud ki ,ush waqt usne zahir nahi kya ki ushe kya chaiye ,ushi bete ko aankhoein ki chamak vo dekh nahi payegi kabhi .dard mitt sakte agar ush waqt unke sath aisha kuch hota ,kyunki mush waqt vo ek hee sawal ush kudrat se pucch rahe thhe ki aishi bhi kya galati ho gyi jo aapne hame aishi saza dii.unhe ush waqt khamoshi ki jagah kuch nahi dikh rahi thi per vo jante thhe ki agar hame itni taqleef ho rahi kyunki hamne ushe janm diya ,toh hamare bete ko kitni taqleef hogi jab vo badha hoga ,aur vo rsohni hee nahi dekh payega jiski taalash mein aaj bhi kayi mushfiro ne aapni manzil ko kho diya ,vo khud ko kaishe dekhege ,vo hame kaishe pechane ga ,vo duniya kaiseh dekhega ramanujan ,ush waqt naira bash yehi sawal usse pucch rahi thi aur kuch bhi nahi ..per ramanujan ush waqt tutta nahi kyunki vo janta tha ki ush waqt agar ush dard ko usne mahasoosh kiya jish dard mein uski naira hai ,toh vo na khud ko sambhal payega na hee naira ko aur na hee apni puri family .ush waqt ussne yehi bola ki chup ho jayo sab theek ho jayega ,mein hun na ,mein aapne bete ko aish zindagi kabhi nahi jeeno dunga ,mein ushe isse behta banauga naira ,mein ish halat mein ushe nahi rehne dunga ,ham theek karege aapne beto ,ush uparwale ki hame koi zarrorat nahi ,mein aapne bete koi aage badhauga ,chup ho jao ,mein sab theek kardunga ....ush waqt jish phase mein akantra thi vo koi nahi janta tha ,na hee kishi ne usse puccha ,ham aapni life mein yehi galti karte hai ki ek question ko solve karne mein ham dusre question ke solution pe kabhi dhyan hee nahi dete ,aish kyun keh raha hun yehi puchna hai ,zahir karuga per abhi tarz bakki hai....

"

NA HEE VO
CHASHM
HAI
MERE USH WAJOOD
MEIN
JISKI HAYAT
USH KHUDA NE
BINA UZR KE
HEE KARDI.........

IAKIR BADLANE
KI TISHNAGI THI
PER
ITTIFAAQ SE
EN HATHON
MEIN VO LAKIRE HEE
NAHI JISKI TALAB
MUJHE AAJ BHI HAI ...

"

CHAPTER SIX

THE ENDING OF GOD FATHER

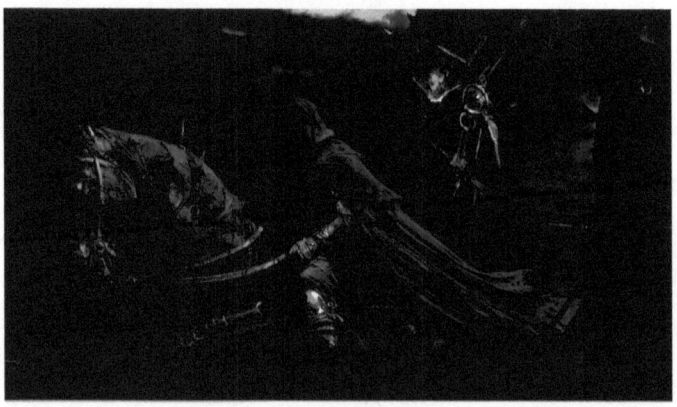

Ush din ramanujan ke kehne baad ki sab kuch theek ho jayega mein aapne bete ko aage badhaunga ,koi bhi taqleef nahi hogi ushe ,vo duniya mein kabhi bhi kishi ki madad ka mohtaaz nahi banega ,ushe aage jakar koi dikkat nahi hogi ,uske bilkul kuch saal baad jab AKASHU jo ki ramanujan ke bete ka naam tha,aab akashu purre sath saal ka ho gaya hai aaj, itni toh samaj nahi per vo dard mahasoosh kar sakta jo vo har din dusre baacho ke dekh kar sehta hai ,vo janta hai vo unke jaisha nahia hai ,per vo sabse alag hai ,ek baat aap sab ko batana bhul chuka hun bhale hee ushe duniya dekhne ki talab sirf un aankhoein se thi jisne kabhi andhera nahi dekha ,aur bhale uske hathon mein lakire nahi thi per uski taqdeer sabse alag thi ,suru suru mein sabko aisha lagg raha tha ki yeh aage nahi badh payega kyunki jab yeh dekh hee nahi sakta toh kya karega ,yeh sawal toh helen keller pe bhi uthe jo ki deaf aur blind dono thi ,per jo unhone kiya tha vo koi nahi kar sakta ,yeha tak ki jinke paas aankhoein aur kaan dono sahi salammat hai phir bhi ,vo kehte hai na jab khuda kishi cheez ki inaayat en hathon se chinta toh badle mein nayi talab bhi deta hai aage badhne ka ,yeh manta hun ki uske ghar ,mera matlab hai super genetic family har insaan genius tha per unse bhi zyad jo band aankhoein se akashu sachai dekhta thee vo nahi dekh sakta ,vo kaafi alaga tha bilkul einstein,newton ki tarah .jab ramanujan ne ne yeh naira se vaada kiya vo aapne bete ko theek kar ke rahega ,tab ushi waqt usne research karna suru kar diya usne lagatar saat saal khud ke bete ki bimmari pe research kiya.aur un saat saalo mein vo kahi baar na kamayaab hgua per usne kabhi haar nahi mani kyunki khud se yeh duniya se kiye hue vaade ko toh vo todd sakta per aapne parivaar se usne jitne bhi vaade kiye thhe vo ushe kabhi nahi todd sakta kyun vhi ek aishi manzil thi uski jiski raaho ko vo kabhi nahi chhod sakta tha .akashu ko kabhi dikkat isliye nahi hui ki vo jish sammaj mein rehta vha uski soch ke aage koi bhi aisha insaan nahi tah jo ki ushe hara sake ,kyunki vo har cheez mein aawal ,aur jaishe ki uske parivaar mein jitne bhi logg thhe vo un sab mein sabse genius bhi thi ,isliye kishi ko kabhi himmat hee nahi thi kishi ki uske jhakm mein sawal uthane ke ,yeh uska mazaak banane ke liye ki uski aankhoein thhe par vo dekh nahi sakta uske hathon ki lakire bhale hee nahi na ,per uski soch jaha bhi kadam rakhti thi vha uski yeh mazboori bhi chup jaati thi ,uske pass aisha lagta tha ki khusi ke ilawa koi emotion hee nahi kyun vo kabhi bhi kishi ki bhi baateion ka bura nahi manta tha ,vo bhale hee matr baarah saal ka ek bacha tha ,per uski spoch aur buddhimani ke samne einstein ,aur newton jaishe ,yehrobert hook jaishe scientist bhi fail thhe ,bhale hee dekhne ke nazariye se vo waqif tha per jin cheezo ko choo kar vo mahasoosh karta tha vo kishi ke bash ki baat nahi thi ,un baarah saalo mein usne itna kuch kiya tha jiski tulna mein aam bacche toh kaafi durr hai usse .jo vo matr 6 saal ka hee tab usne apne 12th standard ko clear kar ,usne microbilogy ki padhaiye suru kar dii ,jo ki uske sehar vizag mein aajtak kishi ne nahi kya ,yeha tak ki usne khud ko kabhi mahasoos nahi hone diya vo aapnio aankhoein se dekh nahi sakta .vo hamesha yehi kehte tha ki

"

TRY TO BECOME
PERFECT IS
BETTER THEN
UNEMPLOYMENT .."

aur aishi soch kyun na hoti ,honi hee chaiye kyun uske parivaar aajtak kishi ne harr nahi mana toh vo kaishe mann sakta tha ,jish inaayat ko khuda ne uski aankhoein aur hathon ki lakire ke sahare cheen liya tha unhi ko usne aapne aage badhne ka zariya mana liya tha ,vo kabhi haarna cahta hee nahi tah .per kehte hai khuda aapne sabse kaabil bande per aapn jodd chalata hai ,jitni bhi taqleef ush khuda ke hathon mein hoti hai vo ushe ek talab ki tarah sab se deta hai,isliye nahi ki vo uspe yeh sab dekar jurm kar raha hai ,yeh ko qahar dha raha hai ,yeh usne ushe faana karne ki ek wajah dundh li hai ,en sab mein se aisha kuch bhi nhi hai ,kyunki vo janta hai ki jish dard ko vo aapne kabbil bande ko de raha yeh jiski hukumaat un hathon mein de raha vo usse bahar zarror niklega ,kehte hai na jaha farozaan ki chhoti se chhoti bhi jhalak dikh jaye toh vo roshanee se kaafi manoos ho jati hai .ushi tarah uska purra parivar hee uske liye ek farozaan tha ,aur unki cehre ki tabassum hee akashu ke liye aage badhne ki tishnagi thi .per kaha tha na ki khuda apne sabse kabil bande ko hee sabse zyada aajmata hai ,ush waqt akashu ke sath bhi biklul vhi hua ,vo bhi ush prayog ki wajah se jo uske pita ne uspe kiya tha.

ek saal beetne ke baad akhir kar ramanujan ki aishi mill hee gayi jisse vo aapne bete ki zindagi mein phir se ujala la sakta ,uski aankhoein jishe talab thi har kuch dekhne ki ,vo uski tammana ko puri kar sakta tha ,kyunki ramanujan ne ushe pehle bhi jaanwaro pe prayog kiya tha jiske wajah se unke aankhoein ki roshni aa gayi thi ,per ramanujan yeh bilkul nahi janta thi ki jish cheez ko usne banaya hao vo akashu pe kya ashar karega .usne kabhi bhi akashu ke dna ko check nahi kiya jab uski aankheion bachpan se hee khrab tha ,usne bhale hee naira ke khokh se janm liya tha ,per uska dna vo bilkul nahi tah kyunki iske peeche bhi ek wajah jo aap sab ko nahi pata hai ,aisha bhi ateet mein naira pe kish cheez ka prayog hua tha wajah se akashu kA DNA unse match nahi kar raha tha ,vigyaan ki kuch aishe bhi rahsehya hai jo ki aaj tak koi nahi dundh paya hai ,unhi raheshya mein se yeh bhi ek rahsehya hee tha ,jish immunodose ko ramanujan ne aapne bete ki bimaari ko theek karne ke liye banya tha ,vo sifr insaan per hee prayog kiya ja sakta tha jaanwaro ke dna pe nahi ,aur jish jaanwar pe usne yeh pehle prayog kiya tha vo kuch hee din ke baad ramanujan ke vha se chale jaane ke baad marr chukan tha ,per yeh baat ushe nahi pata thi kyunki ush immundose ki yeh khasiyat thi ki vo bahut hee tezz gati se kaam karta tha aur vo jish cheeez per bhi prayog ho ushe 48 hours ghanto ka observation dena zarrori tha ,per vhi per ramanujan ki soch ne galat faisla liya tha ,kyun actuaaly mein time observation time kam se kam 72 hours thhe per jish waqt vo immundose bana tha usne ushi 48 ghanto mein aapne bete per hee ushe prayog kar diya .maine yeh pehle bhi kaha tha ki kuch siyassat asihe bhi hote jiski door kishi ke hathon mein nahi hoti .jish immuno dose ko ramanujan ne bnaya tha vo 72 ghanto mein hee ek animals ke DNA ko purri tarah barbaad kar deta hai ,uske haar ek cell ko dead kar deta hai ,per yeh baat ushe nahi pata tha ,jab unse ush immunodose ko akshu pe prayog kiya toh ,uske pehle voi kaafi dara tha jiske wajah se vo yeh bhul gaya tha ki dna matching honi zarrori hai ,ki vo ek human ka hee ,per ushe toh ush waqt yeh lagg raha tha ki akashu mein DNA ek human ka hai per vo kishi human ka nahi tha ,aur jish waqt usne ush dose ko akashu ko diya uske kuch hee waqt ,uske purre body ne half wolf aur half lion bhesh le liya tha ,yani ki jishj dna ka unse prayog ush per kiya tha kya vo half wolf aur half lion ke dna se bana tha,aur kaun se aisha raheshya hai jo ki naira aur akashu ka ush waqt dna match nahi hua ,aur akashu ke body mein vo animals ke dna kaishe aaye ,aur aishi kya baat thi ush immuno dose mein jsiek wajah 72 ghanto mein hee vo kishi bhi jaanear ke cell ko marr sakta hai ,

aur uske baad kya hua jab ushe immunodose mill gaya aur ,aur vo half wolf aur half lion ke bhesh mein aa chuka tha ,ab aishi kaun se tabhai ush pyurre sehar aur super genetic ke family pe aane wali thai?????

SUMEET KUMAR

"

*HIFAAZAT SE KASHISH
KI THI
PER KHUD KE MANOOS
KI PARCHAI KA
HAREEF BANN GAYA. (2)
AUR JISH INAAYAT KI
MUJHE
TALASH THI
USNE AKHIR KAR
ARSH KO HEE
SIFAR DIYA ....*

*JIN AANKHOEIN KI
MUJHE FAROZAAN CHAIYE
THI
VO KISHI AUR KE
WAJOOD KI
WAJAH BANN GAYI HAI ....*

*FATEH KI TISHNAGI MEIN
SIFAR KA RAASTA KAB
TAY KAR LIYA
YEH PATA HEE NAHI CHALA...
IZTIRAAB KI BEIBASI
BHI HAI
AUR PINHAAN KI KHAMOSHI
BHI HAI
PER TALAB AUR TAMMANA
KISKI KARU
ISKI KOI TISHNAGI
HEE NAHI HAI ....*"

.... **COMING SOON EDITION 2**..........

www.ingramcontent.com/pod-product-compliance
Lightning Source LLC
Chambersburg PA
CBHW021048180526
45163CB00005B/2335